Melanie Erkens

Zwischen Science und Society. Erstellung und Vergleich semantischer Netzwerke

Am Beispiel von Publikationen, Pressetexten und -berichten des Centers for Nanointegration Duisburg-Essen

GRIN Verlag

Bibliografische Information der Deutschen Nationalbibliothek:

Die Deutsche Bibliothek verzeichnet diese Publikation in der Deutschen National-
bibliografie; detaillierte bibliografische Daten sind im Internet über http://dnb.d-
nb.de/ abrufbar.

Impressum:

Copyright © 2012 GRIN Verlag GmbH
Druck und Bindung: Books on Demand GmbH, Norderstedt Germany
ISBN: 978-3-656-86179-9

Dieses Buch bei GRIN:

http://www.grin.com/de/e-book/285873/zwischen-science-und-society-erstellung-
und-vergleich-semantischer-netzwerke

Zwischen Science und Society:
Erstellung und Vergleich semantischer Netzwerke am Beispiel von Publikationen, Pressetexten und -berichten des Centers for Nanointegration Duisburg-Essen

Melanie Erkens

Universität Duisburg-Essen, Fakultät Ingenieurwissenschaft,
Abteilung für Informatik und angewandte Kognitionswissenschaft

Abstract. Die vorliegende Arbeit analysiert die Unterschiede zwischen der wissenschaftlichen und gesellschaftlichen Wahrnehmung von Forschungsaktivitäten am Beispiel des "Centers for Nanointegration in Duisburg-Essen" (CeNIDE). Untersuchungsgegenstand sind Publikationen, Pressetexte und -berichte von bzw. über CeNIDE, die in den Jahren 2008 bis 2011 veröffentlicht wurden und jeweils unterschiedliche CeNIDE-Kontexte repräsentieren. Die vergleichende Analyse dieser Kontexte basiert auf dem Co-Occurrence-Ansatz, der zur Positionierung häufig benutzter Wörter im mehrdimensionalen Raum dient. Die Ähnlichkeit der Wort-Positionierungen wird per Distanzmaß und Faktorenanalyse ermittelt, sodass latente Frames in semantischen Netzwerken visualisiert und für jeden Kontext verglichen werden können. Die Ergebnisse lassen Rückschlüsse über kontextabhängige Interessengebiete zu, die bei CeNIDE-Wissenschaftlern vorrangig in der Grundlagenforschung, bei der Öffentlichkeitsarbeit in Events und News sowie bei den Medien in Anwendungsmöglichkeiten zu verorten sind.

Keywords: CeNIDE, Co-Occurrence, Frame-Mapping, Nano, Nanotechnologie, Netzwerkanalyse, Occurrence, semantische Netze

1   Einleitung

An der Schnittstelle zwischen Wissenschaft und Gesellschaft können Wörter unterschiedliche Bedeutungen haben [1]. Dabei ist anzunehmen, dass Begriffe wie Nanotechnologie in der Forschung mit anderen Termini assoziiert werden als beim Einsatz im alltäglichen Leben. Ein einfaches Beispiel: Während der fachkundige Wissenschaftler den Begriff Nanotechnologie gemeinsam mit Photovoltaik nennen würde, wäre im außerakademischen Gebrauch von einer präferierten Kombination mit Sonnenenergie auszugehen. Dies ist darauf zurückzuführen, dass die Bedeutung von Wörtern und die Bedeutung ihrer Beziehungen untereinander abhängig sind vom jeweiligen Kontext [2]. Ausgehend von Luhmanns Theorie, dass sich verschiedene soziale Systeme beim

Informationsaustausch durch Sinnverarbeitung verständigen [3], nimmt Leydesdorff an, dass besagte Bedeutung durch die Positionierung einer Mitteilung in einem relationalen Netzwerk generiert wird [1]. Die Positionierung als Lagebeschreibung von Wörtern im mehrdimensionalen Raum kann durch den Co-Occurrence-Ansatz realisiert werden [4], Dieser Ansatz dient dazu, große Sets von Dokumenten, beispielsweise Pressetexte, größtenteils automatisiert zu verarbeiten [1] und resultiert in Occurrence- (Word-Dokument-) und Wort-Co-occurrence-Matrizen [4], auf deren Grundlage Wörter nach Ähnlichkeit ihrer Positionierung geclustert und als Knoten semantischer Netzwerke verglichen werden können [5]. Bezüglich des Effekts von Pollen genmanipulierten Korns auf die Larven von Monarchfaltern, ermöglichte das Verfahren Leydesdorff, einen semantischen Wandel nachzuweisen, wenn das Thema von einem wissenschaftlichen Kontext ("Nature" Artikel) in einen anderen Kontext (Pressetexte) wechselt [1].

In der vorliegenden Studie soll überprüft werden, ob sich solch ein Wandel auch für den Bereich Nanotechnologie bestätigen lässt. Die vergleichende Analyse wird am Fallbeispiel des „Centers for Nanointegration Duisburg-Essen", kurz CeNIDE, durchgeführt. CeNIDE wurde 2005 als Nanotechnologie-Netzwerk von Mitgliedern der Fakultäten für Physik, Chemie und Ingenieurwissenschaften an der Universität Duisburg-Essen (UDE) gegründet und vereint die Expertise von mehr als 50 Arbeitsgruppen [6]. Damit ist CeNIDE so breit aufgestellt, dass das Spektrum von der Grundlagenforschung bis hin zur Realisierung von Anwendungen reicht [7]. Über das öffentliche Interesse an der Grundlagenforschung vermutet CeNIDE-Vizedirektor Horn-von Hoegen: „Den Menschen auf der Straße interessiert das weniger" [8]. CeNIDE-Mitglied Heinzel erläutert weiter, dass die Anwendungen, die im Gegensatz dazu einen direkten Nutzen für den Bürger haben, beispielsweise die Brennstoffzelle, gleichzeitig schwer zu erklären sind und sehr viel Öffentlichkeitsarbeit erfordern [9]. Wie unterschiedlich werden also die CeNIDE-Forschung und die Nanotechnologie innerhalb der unterschiedlichen Systeme wahrgenommen? Und können obige Annahmen bestätigt werden?

Das Ziel der vorliegenden Arbeit besteht somit darin, Unterschiede zwischen der wissenschaftlichen und gesellschaftlichen Wahrnehmung von Nanotechnologie und CeNIDE anhand von Netzwerken zu visualisieren und zu analysieren. Der wissenschaftliche und gesellschaftliche Kontext wird dabei abgesteckt durch eine Trennung zwischen dem "Science System", das durch die Publikationen der CeNIDE-Wissenschaftler repräsentiert ist, und dem "Society System", das zum einen durch die Pressetexte von CeNIDE sowie zum anderen durch Presseberichte über CeNIDE vertreten ist. Im Methodenteil wird zunächst erläutert, wie diese Kontext-Daten extrahiert, präpariert und letztlich zu Occurrence- und Co-Occurrence-Matrizen verarbeitet werden. Es folgt eine Erläuterung, wie die Ähnlichkeit der Positionierung unterschiedlicher Wörter per Distanzmaß für die Co-occurrence-Matrix und per Faktorenanalyse für die Occurrence-Matrix ermittelt und auf Netzwerke übertragen wird. Im Ergebnisteil sind diese semantischen Netzwerke für jeden untersuchten Kontext mit entsprechenden Kantengewichten und Frame-Zugehörigkeiten abgebildet und im Vergleich erläutert. Das Fazit schließlich bietet einen zusammenfassenden Überblick der Ergebnisse.

2   Erstellung und Vergleich semantischer Netzwerke

Wie in der Einleitung beschrieben, wird in der vorliegenden Untersuchung anhand verschiedener Dokumenttypen zwischen den CeNIDE-Kontexten "Science System" und "Society System" unterschieden. Da überprüft werden soll, welchen Einfluss der jeweilige Kontext auf die Bedeutung von Wörtern und ihrer Beziehungen untereinander hat [2], widmet sich dieses Kapitel der Messung und Darstellung von Wortbedeutungen anhand semantischer Netze. Hierzu wird zunächst der Co-occurrence-Ansatz erklärt, der die Bedeutung von Wörtern ihrer Erscheinungshäufigkeit in Texteinheit (Occurrence) zuschreibt und Wortbeziehungen anhand der Positionierung von Wörtern in der Matrix beschreibt [1]. Darauf folgt eine detaillierte Beschreibung der beiden eingesetzten Clusteranalysen, bevor schließlich die Umsetzung der Ergebnisse für drei unterschiedliche Analyse-Szenarien beschrieben wird.

2.1   Co-occurrence-Ansatz

Der Co-occurrence-Ansatz dient der Lagebeschreibung von Konzepten im mehrdimensionalen Raum [4]. Im vorliegenden Fall bestehen diese Konzepte aus Wörtern. Die "Occurrence" als Erscheinungshäufigkeit von Wörtern [1] wird dabei zunächst als Wort-Dokument-bzw. Occurrence-Matrix dargestellt. In dieser Matrix repräsentieren die Spalten alle vorkommenden Wörter und die Zeilen die untersuchten Texte; die Werte geben an, wie oft welches Wort in welchem Text erscheint. Durch Multiplikation der transponierten Occurrence-Matrix mit ihrer untransponierten Version erhält man die symmetrische Co-occurrence- bzw. Wort-Wort-Matrix. Hier stellen Zeilen wie Spalten Wörter dar, sodass die Werte innerhalb der Matrix beschreiben, wie häufig zwei Wörter gemeinsam in einer Texteinheit erscheinen. "Co-occurrence" beschreibt somit das gemeinsame Vorkommen von zwei Wörtern innerhalb einer Texteinheit [10], womit eine Beschreibung der Beziehung zweier Wörter untereinander gegeben ist. Im nächsten Kapitel wird erläutert, wie Wort-Ähnlichkeiten für beide Matrix-Varianten berechnet werden können.

2.2   Clusteranalysen zur Ermittlung von Ähnlichkeiten

Ähnliche Daten lassen sich durch Cluster identifizieren [11]. Dabei ist ein "Cluster dadurch definiert, dass seine Mitglieder [...] untereinander ähnlich sind, aber die Mitglieder unterschiedlicher Cluster unähnlich" ([15], S. 378). Im Fall von One-Mode-Netzwerken wird nach struktureller Äquivalenz bzw. Ähnlichkeit geclustert, weil davon ausgegangen wird, dass Knoten mit gleichen Beziehungsprofilen sich auch strukturell ähneln [11]. Bei Two-Mode-Netzwerken ist die gemeinsame Affiliation entscheidend [11]. Bezüglich vorliegender Untersuchung würde dies bedeuten, dass Wörter in ein Cluster gehören, wenn sie ähnlich oft in den gleichen Texten erscheinen.

Für eine normalisierende Ähnlichkeitsanalyse der Co-occurrence-Matrix, die als One-Mode-Netzwerk abbildbar ist, empfiehlt Leydesdorff Salton's Cosinus [12] als Distanzmaß [1]. Bei diesem Verfahren wird die Distanz durch den Cosinus-Winkel zwischen zwei Wortvariablen beschrieben, die als Vektoren konzeptualisiert sind [1]. Ist der Cosinus-Wert null oder nah bei null, kann daraus die Orthogonalität zweier Variablen geschlossen werden, die somit unabhängig voneinander sind. Je näher demgegenüber ein Wert bei eins liegt, desto größer ist die Ähnlichkeit beider Wortvektoren. Damit ist durch Salton's Cosinus eine "spatial representation of how words are positioned in relations among words" ([1], S. 235) gegeben, die die Grundlage für ein semantisches Netz bildet [1]. In der Visualisierung des semantischen Co-occurrence-Netzwerks bilden die Knoten die untersuchten Wörter ab und die Kanten deren gemeinsame Beziehung bzw. Beziehungs-Eigenschaften [13], beispielsweise die Kantengewichtung nach Salton's Cosinus.

Die Occurrence-Matrix, die als Two-Mode-Netzwerk abbildbar ist, kann per Faktorenanalyse geclustert werden [5]. Die Texteinheiten werden dabei als Fälle und die Wörter als Variablen behandelt [5]. Da eine Faktorenanalyse u.a. eine analytische Zielsetzung verfolgen kann, erlaubt sie, von manifesten Variablen (z.B. Wörtern) auf übergeordnete latente Variablen (Frames) zu schließen [14]. Durch dieses Verfahren lassen sich auch Frames von Text-Sätzen nachweisen [5]. Ein Frame beschreibt dabei nichts anderes als einen Interpretationsrahmen der aus einem Cluster mehrerer Konzepte besteht [15], zum Beispiel einem Cluster von Wörtern. Hier ist die semantische Bedeutung also nicht durch Kantengewichte, sondern durch die Zugehörigkeit eines Wortes zu einem bestimmten Frame gegeben. Diese Frames lassen sich im Netzwerk durch die entsprechende Einfärbung der Knoten visualisieren.

Die Ergebnisse beider vorgestellten Verfahren können gleichzeitig in einem semantischen Wort-Wort-Netzwerk dargestellt werden. Innerhalb der vorliegenden Untersuchung wird dies genutzt, um eine Normalisierung der Kantengewichte wie ebenso eine Interpretation der verschiedenen Frames zu nutzen. Die zu untersuchenden Vergleichsfälle werden im folgenden Kapitel dargestellt.

2.3 Vergleichende Analysen am Fallbeispiel CeNIDE

Um den Co-Occurrence-Ansatz anzuwenden, müssen die untersuchten Dokumente in Zusammenhang zueinander stehen [4]. Dieser Zusammenhang kann darin bestehen, dass die Dokumente eindeutig mit einem Akteur assoziiert werden [4]. In der vorliegenden Studie beispielsweise werden ausschließlich Texte untersucht, die mit dem institutionellen Akteur "CeNIDE" in Verbindung stehen. Die zu vergleichenden Kontexte bestehen aus dem "Science System", das durch Publikationen der CeNIDE-Wissenschaftler repräsentiert wird, sowie dem "Society System". Letzteres wird in die zwei Aspekte Pressearbeit und Presse aufgeteilt, welche ebenfalls gegenübergestellt werden. Die Pressearbeit wird repäsentiert durch Pressetexte von CeNIDE, die Presse durch ihre Berichterstattung über CeNIDE. Um zu überprüfen, womit CeNIDE innerhalb dieser unterschiedlichen Kontexte in Verbindung steht, können die Wörter und Frames der zugehörigen Netzwerke verglichen werden. Die erste Analyse dient deshalb der Untersuchung von Unterschieden zwischen diesen drei Kontexten. Bei der zweiten Analyse wird in den Pressetexten ausschließlich der Frame betrachtet, in dem CeNIDE selbst als Wort vorkommt. Hier ist der semantische Unterschied zwischen den einzelnen Jahren von 2008 bis 2011 von Interesse.

Eine weitere Form des Zusammenhangs von Dokumenten besteht, wenn ihre Konzepte in Beziehung gesetzt werden [13]. Leydesdorff beispielsweise stellt diesen Zusammenhang her, indem er nur Texte in eine Analyse aufnimmt, die ein gleiches Wort als untersuchtes Konzept enthalten [1]. Dieses Vorgehen wurde bei der dritten Analyse verwendet, um ausschließlich semantische Unterschiede zwischen den Kontexten zu finden, die mit dem Wort Nanotechnologie in Verbindung gebracht werden. Im folgenden Methodenteil wird detailliert erklärt, wie die drei Analysen umgesetzt wurden.

3   Methode

Das methodische Vorgehen zur Erstellung der semantischen Netzwerke für die Analyse kann in sechs Schritte geteilt werden: 1) Sammeln der Daten, 2) Präparation der zu untersuchenden Texte, 3) Erstellung von Occurrence und Co-occurrence Matrizen, 4) Anwendung des Distanzmaßes Salton's Cosinus auf die Co-Occurrence-Matrizen, 5) Clustern der Occurrence-Werte per Faktorenanalyse und 6) Visualisierung der Wortbeziehungen in semantischen Netzwerke. Im Folgenden sind diese Arbeitsschritte näher erläutert.

3.1   Sammeln der Daten

Wie im letzten Kapitel beschrieben, werden die drei verschiedenen CeNIDE-Kontexte durch Texte repräsentiert: das "Science System" durch Publication Abstracts, das "Society System Pressearbeit" durch Pressetexte und das "Society System Presse" durch Presseberichte. Die jeweiligen Texte sind für den Erscheinungszeitraum von Anfang 2008 bis Ende 2011 von der CeNIDE-Homepage www.uni-due.de/cenide bzw. von dort angegebenen Sublinks extrahiert worden. Da keine Presseberichte für das Jahr 2011 vorliegen, sind diese zusätzlich bei Birte Vierjahn, CeNIDE-Referentin für Öffentlichkeitsarbeit, angefordert worden. Zur weiteren Verarbeitung werden alle Texte im txt-Format gespeichert und nach Jahren sortiert abgelegt. Aufgrund des vollständigen Aufkommens in entsprechender Sprache, werden ausschließlich englisch-sprachige Publication Abstracts sowie deutsch-sprachige Pressetexte und -berichte abgespeichert. Somit ist zu berücksichtigen, dass in der Analyse bei Bedarf Wörter übersetzt werden müssen, um sie vergleichen zu können. Zudem ist ein wichtiger Aspekt für die Analyse, dass nur eine Auswahl von Presseberichten für den gegebenen Zeitraum vorliegt. Diese Unvollständigkeit ist bei der Interpretation zu berücksichtigen. Tabelle 1 zeigt eine Mengenübersicht gesammelter Texte, sortiert nach Jahren und Kontext.

Tabelle 1. Anzahl untersuchter CeNIDE-Texte, sortiert nach Jahren und Kontext

Jahr	Publikationen (englisch)	Pressetexte (deutsch)	Presseberichte (deutsch)
2008	65	20	3
2009	95	32	22
2010	113	48	29
2011	145	70	11
Σ	418	170	65

3.2 Präparation der Texte

Nach Auswahl der Texte besteht der nächste Schritt darin, die semantisch bedeutsamsten Wörter per Textanalyseverfahren zu ermitteln. Die Wichtigkeit eines Wortes wird anhand seiner Vorkommenshäufigkeit in den untersuchten Texten ermittelt [1]. Je häufiger es vorkommt, desto wichtiger wird es eingestuft. Zur Ermittlung dieser Häufigkeit kann das Programm FrqList.Exe von Leydesdorff [1] eingesetzt werden. Das Programm zählt das Vorkommen jeden Worts in einer txt-Datei und gibt eine Liste mit Angabe der Häufigkeiten für jedes Wort aus [5]. Da die Kontexte getrennt voneinander zu betrachten sind, wird für die Häufigkeitszählung pro Kontextart eine txt-Datei angelegt, die den ganzen Satz von Einzeltexte für den jeweiligen Kontext zur Zählung enthält. Zusätzlich zur Kategorie-Einteilung werden die txt-Dateien nach einzelnen Jahren zusammengefasst, sodass jährliche Häufigkeiten erfasst werden können.

Um zu gewährleisten, dass ähnliche Konzepte als solche nur einmal gezählt werden, erfolgt nach dem ersten Durchlauf des Programms für die häufigst genannten Wörter eine Vereinheitlichung gleichstämmiger Konzepte. Zum Beispiel werden die Begriffe Förderungen, Förderung, förderten, förderte etc. zu Förderung reduziert. Diese Unifikation der Wörter wird manuell durchgeführt, da sich ein automatisches Stemming der Wörter, vor allem für die große Anzahl deutscher Texte, als unzuverlässig herausstellte. Des weiteren werden der Liste Füllwörter und ähnlich unwichtige Konzepte entnommen und eine Stopword-List angelegt. Danach wird die Häufigkeit der unifizierten Wörter unter Berücksichtigung der Stopword-List erneut ermittelt, um schließlich eine finale Liste der wichtigsten Wörter für jeden Text vorliegen zu haben. Da Leydesdorff darauf hinweist, dass mehr als 75 Wörter schlecht visualisierbar sind [5], wird für alle Listen die Grenze der Erscheinungshäufigkeit ausgewählter Wörter so gesetzt, dass diese Anzahl von Wörtern jeweils unterschritten ist. Im nächsten Schritt wird beschrieben, wie diese Wörter in einer Wort-Dokument-Matrix repräsentiert werden können.

3.3 Erstellung von Occurrence- und Co-occurrence Matrizen

Die zuvor ermittelten Wörter werden in diesem Schritt mit dem Programm Fulltext.Exe von Leydesdorff [1] in Occurrence-Matrizen übertragen. Für jeden Kontext und jedes Jahr geben diese an, welches Wort wie häufig in welchem Text erscheint. Durch das Falten der Matrizen, umgesetzt durch eine Multiplikation der transponierten Occurrence-Matrix mit ihrer ursprünglichen Variante, werden zudem Co-Occurrence-Matrizen für jeden Kontext und jedes Jahr erstellt. Aus ihnen lässt sich ablesen, welche Wörter wie häufig als Kombination im gleichen Text erscheinen. Auch dieses Verfahren kann automatisiert mit Fulltext.Exe realisiert werden. Auf die Co-occurrence-Matrizen wird im nächsten Schritt zwecks normalisierter Ähnlichkeitsbeschreibung das Distanzmaß Salton's Cosinus angewendet, die Occurrence-Matrizen dienen als Grundlage für eine Faktorenanalyse, die latente Frames nachweisen kann.

3.4 Anwendung eines Distanzmaßes auf die Co-Occurrence-Matrizen

Um die Ähnlichkeitswerte der Wörter für jeden Kontext und jedes Jahr zwecks Analyse vergleichen zu können, müssen über die Co-Occurrence-Matrizen hinaus normalisierte Co-Occurrence-Matrizen erstellt werden. Hierbei kann Salton's Cosinus [12] als Distanzmaß zum Einsatz kommen:

$$\text{Cosine}(x,y) = \frac{\sum_{i=1}^{n} x_i y_i}{\sqrt{\sum_{i=1}^{n} x_i^2}\sqrt{\sum_{i=1}^{n} y_i^2}} = \frac{\sum_{i=1}^{n} x_i y_i}{\sqrt{(\sum_{i=1}^{n} x_i^2)*(\sum_{i=1}^{n} y_i^2)}}$$

Mit dieser Formel wird für jedes Wort-Paar einer Matrix die Cosinus-Distanz kalkuliert, das bedeutet, die Distanz zwischen ihnen wird aufsummiert und durch die Wurzel aus dem quadrierten Summenwert jeden Wortes dividiert. Die resultierende Matrix gibt Aufschluss über die Ähnlichkeit von zwei Wörtern: Je näher ein Wert in der Cosinus-Matrix dem Wert eins kommt, desto höher ist die Ähnlichkeit zwischen zwei Wörtern. Beim Wert null sind zwei Wörter unabhängig voneinander. Die entsprechenden Matrizen für die unterschiedlichen Kontexte und Jahre können ebenfalls mit Fulltext.Exe erstellt werden. Sie dienen als Grundlage für die Visualisierung der semantischen Netzwerke.

3.5 Clustern der Occurrence-Werte per Faktorenanalyse

Nachdem im Abschnitt 3.4 bereits ein Verfahren zur Beschreibung des Ähnlichkeitsgrades von Wörtern präsentiert worden ist, wird mit der Faktorenanalyse ein weiteres Verfahren zur Ähnlichkeitsermittlung vorgestellt, das in diesem Fall auch für ein Clustern der Daten eingesetzt wurde. Da die Faktorenanalyse ermittelt, welche Variablen (z.B. Wörter) zu einem latenten Frame gehören [5], liefert sie bei Anwendung auf die Occurrence-Matrizen eine Antwort darauf, wie hoch Wörter bezüglich ihrer Erscheinungshäufigkeit und ihres Erscheinungsortes miteinander korrelieren und welche Wörter in ein gemeinsames Cluster gehören. Die geforderten Arbeitsschritte des multivariaten Analyseverfahrens bestehen nach Auswahl der Variablen aus der Erstellung einer Korrelationsmatrix, in der ein Wert nahe null eine geringe und ein Wert nahe eins eine hohe Korrelation zwischen den jeweiligen Variablen beschreibt, der Schätzung von Faktorladungen, Bestimmung der Faktorenanzahl und Rotation der Faktoren zur Optimierung der Faktoreninterpretation [16].

Die Faktorenanalyse kann mit allen Occurrence-Matrizen im Statistik-Programm SPSS durchgeführt werden. Für die Erstellung der Korelationsmatrix und Schätzung der Faktorladungen sind bei SPSS keine optionalen Einstellungen notwendig. Die Anzahl der Faktoren wird im vorliegenden Fall nach mehreren Probeläufen mit verschiedenen Matrizen auf eine Stückzahl von weniger als 10 Faktoren festgelegt. Als Rotationsverfahren wird eine orthogonale Varimax-Rotation gewählt. Nach Durchführung der Berechnung wird zudem für jeden ermittelten Frame die interne Konsistenz anhand des Reliabilitäts-Gütemaßes Cronbach's Alpha gemessen. Der geforderte Mindestwert ist hierbei nach Leydesdorff auf $\alpha \geq .65$ festgelegt [1]. Alle Cluster, die diese Voraussetzung erfüllen, werden als interpretierbare Frames betrachtet.

3.6 Visualisierung der Wortbeziehungen in semantischen Netzwerke

Wie zuvor bereits erwähnt, erfolgt die Visualisierung der semantischen Netzwerke auf Basis der normalisierten Co-occurrence-Matrizen und wird im Netzwerkanalyse-Programm Pajek umgesetzt. Die Knoten der verschiedenen Kontext-Netzwerke bilden die Wörter ab, die Kanten die Wort-Ähnlichkeit nach Salton's Cosinus mit jeweils einem Wert zwischen null und eins. Nach Erstellung einer Standard-Partition für jeden Graphen, werden die jeweiligen Partitionen durch die Ergebnisse der Faktorenanalysen überschrieben. Hierzu wird jedem Frame eine Zahl zugewiesen, die Zahlen in die Partitionsübersicht eingetragen und schließlich mit einer eindeutigen Farbe versehen, sodass jeder Frame der jeweiligen Partition im Graphen eine andere Koloration erhält. Eine Ausnahme bilden nur Knoten, die aufgrund fehlender Reliabilität keinem Frame zugewiesen werden konnten, sie werden weiß eingefärbt. Darüber hinaus wird die Knotengröße dem Logarithmus der Worthäufigkeit angepasst, Pfeilspitzen unterdrückt und Kanten mit nur kleinem Gewicht zwecks besserer Übersichtlichkeit entfernt. Zur Optimierung der Anordnung wird zuletzt der Kamada Kawai Algorithmus in der Einstellung "free components" angewendet. Im nächsten Kapitel sind die resultierenden Abbildungen zu sehen, die in den drei Analyse-Szenarien verglichen wurden.

4 Ergebnisse

In diesem Kapitel werden die drei vorgestellten Analyse-Szenarien und der Vergleich der semantischen Netzwerke beschrieben. Zunächst werden exemplarisch Publication Abstracts, Pressetexte und Presseberichte für das Jahr 2008 einander gegenübergestellt. Hierauf folgt eine Betrachtung der Entwicklung des CeNIDE-Frames in den Pressetexten über die Jahre hinweg und schließlich werden die Nanotechnologie-Frames im Öffentlichkeitsarbeit- und Presse-Kontext verglichen.

4.1 Vergleich von Publication Abstracts, Pressetexten und Presseberichten

In der ersten Analyse wurden die Frames der Publication Abstracts, Pressetexte und Presseberichte verglichen. Exemplarisch sind im Folgenden die semantischen Netzwerke für das Jahr 2008 beschrieben.

Bei den Publikationen konnten 55 bedeutsame Wörter ermittelt werden. Da die Wichtigkeit der Wörter aus ihrer Häufigkeit abgeleitet wurde, gingen nur Wörter in die Analyse ein, die im Jahr 2008 mehr als 12 mal in den 65 untersuchten Publikationen vorkamen. Wie in Abbildung 1 zu sehen, konnten aus den Wörtern sechs Cluster gebildet werden, die durch unterschiedliche Farben gekennzeichnet wurden. Bei einigen dieser latenten Frames erschien es deutlich, welchem Überthema sie zugehören könnten. Beispielsweise ist beim grünen Cluster offensichtlich, dass Spintronics, eine Mischung aus Spin und Elektronik, ein geeignetes Überthema für die grün gefärbten Knoten sein kann. Für das grau eingefärbte Cluster scheint Spektroskopie als Überschrift zu passen. Das gelbe Cluster behandelt Magnetische Anisotropie und letztlich das lilane das Wachstum von Oberflächen. Schlecht zuzuordnen waren die Wörter im rosanen Cluster und im blauen

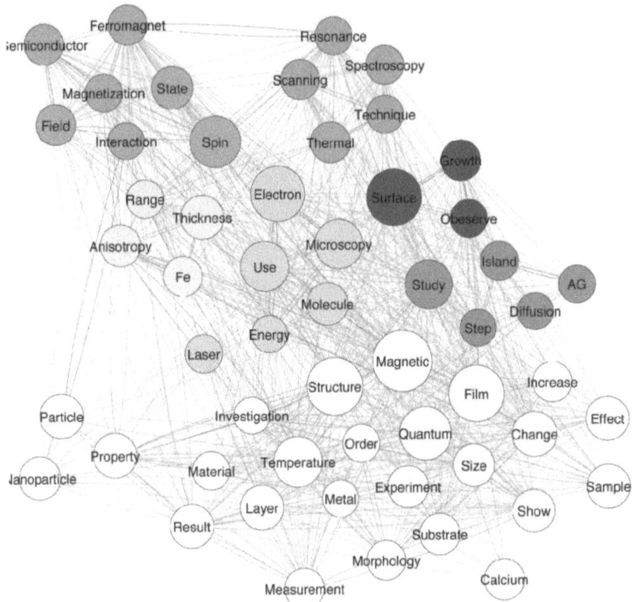

Abbildung 1. Analyse 1: semantisches Netzwerk von 55 Wörtern, die im Jahr 2008 mehr als zwölfmal in insg. 65 CeNIDE-Publication-Abstracts verwendet wurden (Cosinus $\geq$ 0.2).

blauen Cluster. Im rosanen Cluster könnte beispielsweise Photo-Elektron-Mikroskopie ein mögliches Überthema sein, aber auch andere Themen wären denkbar. Das blaue Cluster scheint allgemeine Begriffe zu zeigen. Insgesamt scheint CeNIDE somit in diesem Fall mit Grundlagenforschung in Verbindung zu stehen.

Die Pressetexte konnten in neun reliable Cluster unterteilt werden. Betrachtungs-gegenstand waren die 63 häufigsten Wörter, die 2008 mehr als viermal in insgesamt 21 CeNIDE-Pressemitteilungen verwendet wurden. Das Ergebnis ist in Abbildung 2 visualisiert. Vergleicht man das Netzwerk der Pressemeldungen mit dem der Publikationen, fällt auf den ersten Blick auf, dass nur zwei der häufigst benutzten Wörter in beiden Netzwerken erscheinen: Spin und Magnetismus, bei den Publication Abstracts im grünen (vgl. Abbildung 1) und bei den Pressetexten im gelben Cluster (vgl. Abbildung 2). Das bedeutet, dass CeNIDE im Kontext der Publikationen mit ganz anderen Themen verbunden wird als in den Pressetexten. In den Pressetexten erscheinen mit den Wörtern "Professor" und "Doktor" am häufigsten akademische Titel sowie die Universität Duisburg-Essen oder auch UDE selbst, wie an der Größe der Knoten in Abbildung 2 zu se-

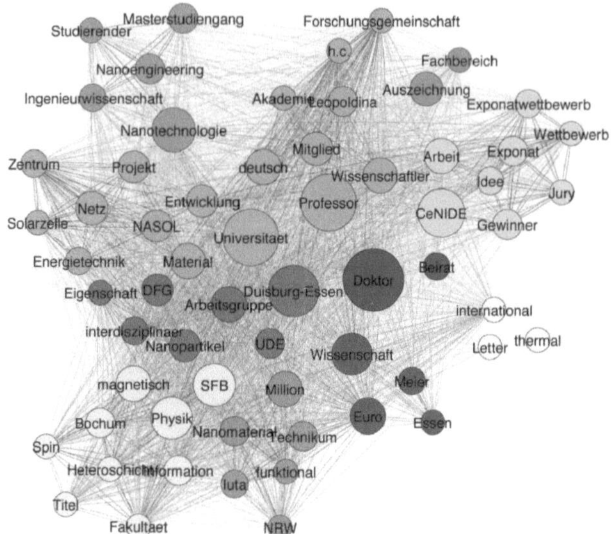

Abbildung 2. Analyse 1: semantisches Netzwerk von 63 Wörtern, die im Jahr 2008 mehr als viermal in insg. 21 CeNIDE-Pressetexten verwendet wurden (cosine ≥ 0.2).

hen ist. Nanotechnologie ist nicht in einem Frame mit typischen Nano-Fachbegriffe zu finden, sondern erscheint – wie der orange-farbene Frame zeigt – mit Begriffen wie Masterstudiengang, Nano-Engineering usw., was auf einen neuen Master-Studiengang hinweist, der im Jahr 2008 erstmals an der Uni Duisburg-Essen angeboten wurde. Im Gegensatz zu den Publikationen dienen die Pressetexte somit auch der Bewerbung von universitären Angeboten. Im beigen Cluster ist zudem zu sehen, dass CeNIDE mit einem Exponatwettbewerb in Verbindung steht. Hieraus lässt sich schließen, dass die Pressemitteilungen weiterhin dazu dienen, universitäre Veranstaltungen anzukündigen. Aus diesem ersten Netzwerk-Vergleich lässt sich somit schlussfolgern, dass sich die Bedeutung von CeNIDE im wissenschaftlichen Kontext stark unterscheidet von der semantischen Wahrnehmung CeNIDEs im "Society System".

Mehr Ähnlichkeit ist beim Vergleich der Pressetexte mit den Presseberichten aus dem Jahr 2008 zu finden. Für die Presseberichte konnten vier Cluster aus insgesamt 49 Wörtern gewonnen werden, die mehr als dreimal in insgesamt vier Presseberichten erschienen. Abbildung 3 zeigt das resultierende semantische Netzwerk. Bei diesem fällt auf, dass sich CeNIDE nicht in einem Frame mit dem Exponat-Wettbewerb befindet, sondern mit Nanotechnologie und Wörtern wie "GmbH", "Unternehmen", "Industrie" und "Wirtschaft". Da die Industrie zuständig für das Herstellen von Produkten auf Grundlage

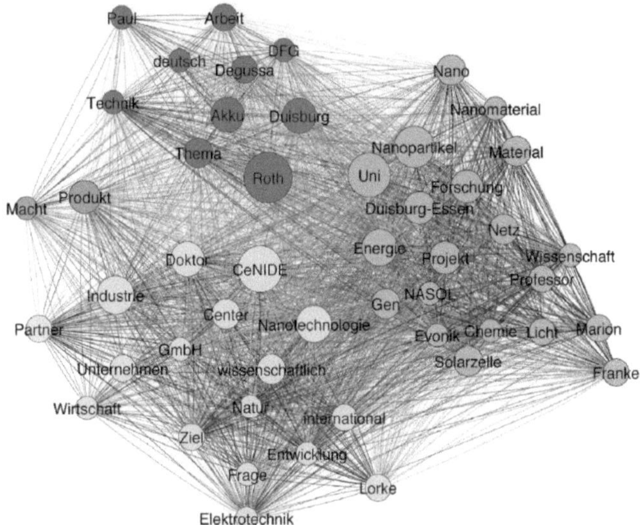

Abbildung 3. Analyse 1: semantisches Netzwerk von 49 Wörtern, die im Jahr 2008 mehr als 3 mal in insg. 4 Presseberichten über CeNIDE verwendet wurden (cosine ≥ 0.2).

der wissenschaftlichen Ergebnisse ist, legt dies die Interpretation nahe, dass die Presse CeNIDE mit der praktischen Anwendung von Forschungsergebnissen in Verbindung bringt statt mit Grundlagenforschung. Des weiteren ist auffällig, dass universitäre Veranstaltungen, wie sie in den Pressetexten häufig erwähnt wurden, für die Presse weniger relevant scheinen.

Insgesamt lässt sich für die erste vergleichende Analyse festhalten, dass CeNIDE in den unterschiedlichen Kontexten "Science System" und "Society System" sehr unterschiedliche latente Frames aufweist. Die Bedeutung von CeNIDE ändert sich somit, wenn der Kontext wechselt. Das Science System mit Fachbegriffen und Basic Research Frames ist dabei am wenigsten deckungsgleich mit den anderen Kontexten, wobei auch diese sich unterscheiden: Die Pressetexte fokussieren Service, News und Events, während die Presseberichte auf Anwendungsmöglichkeiten ausgerichtet zu sein scheinen.

4.2 Entwicklung des CeNIDE-Frames in Pressetexten von 2008 bis 2011

Um die Entwicklung über Zeit zu untersuchen, wurde der CeNIDE-Frame in den Pressetexten der Jahre 2008 bis 2011 genauer betrachtet. Abbildung 4 zeigt die vier verschiedenen Netzwerke, in denen jeweils das Cluster, in dem sich CeNIDE befindet, gelb

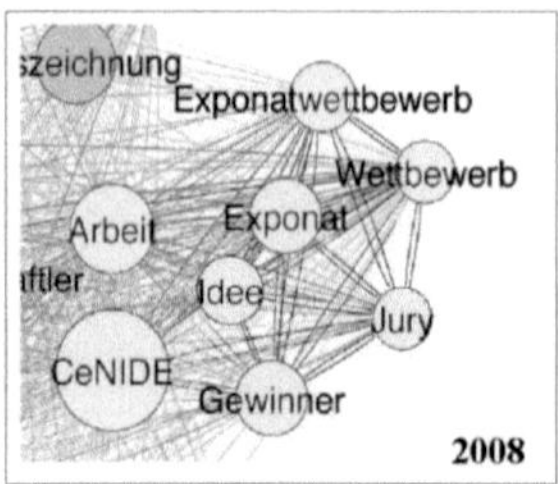

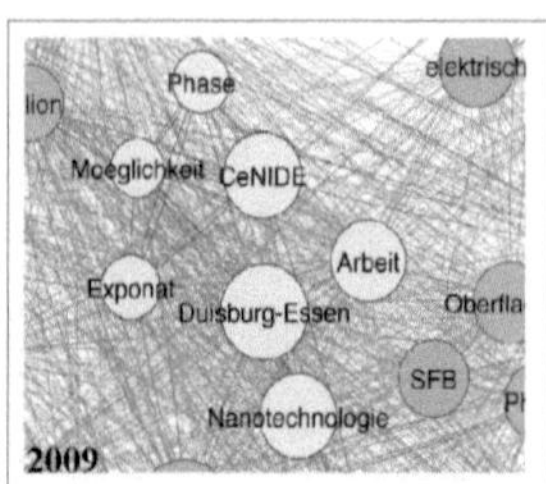

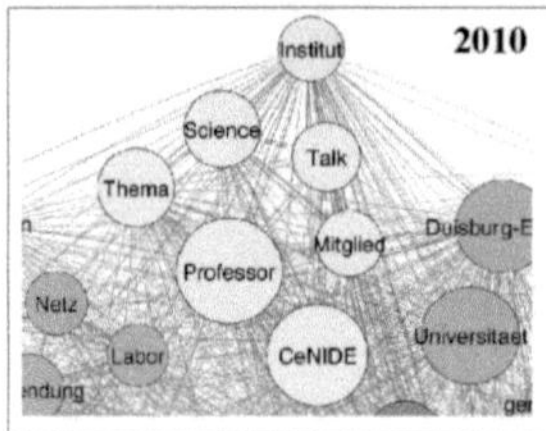

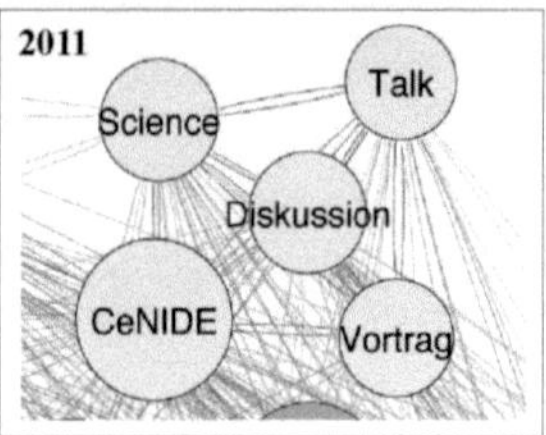

Abbildung 4. Analyse 2: semantische Netzwerke für die Jahre 2008 (20 Pressetexte), 2009 (32 Pressetexte), 2010 (48 Pressetexte) und 2011 (70 Pressetexte)

eingefärbt wurde. Die Analyse im Jahr 2008 basierte auf 20 Pressemitteilungen, 2009 waren es 32 Pressetexte, 2010 48 Texte und 2011 wurden 70 Pressemeldungen untersucht. Da der Zoom von unterschiedlicher Stärke ist und die Knotengröße damit nur innerhalb eines Jahres vergleichbar ist, muss sie in diesem Fall außer Acht gelassen werden. Was hier von größerem Interesse ist: Auf den Bildern ist ersichtlich, dass CeNIDE von der Presseabteilung fast in allen Jahren stark mit Veranstaltungen assoziiert wurde. 2008 stand ein Exponat-Wettbewerb in starker Relation zu CeNIDE, der einer Pressemitteilung zufolge dazu diente, "Forschungsergebnisse nach außen sichtbar zu machen" [17]. Dieser Wettbewerb richtete sich an Hochschulzugehörige, die Konzepte zum Thema Nanotechnologie einreichen konnten, welche später bei der "Hannover Messe" ausgestellt werden sollten [17]. Ab dem Jahr 2010 ist CeNIDE stark mit der Vortragsreihe "Science Talk" verbunden. Der Science Talk soll das breite Themenspektrum von CeNIDE darstellen und richtet sich "ausdrücklich nicht an ein eng begrenztes Fachpublikum" [18]. Interessant ist zudem, dass sich der semantische Rahmen von 2010 auf 2011 durch den Begriff Diskussion erweitert. In den Netzwerken spiegelt sich somit der entsprechende Pressetext-Inhalt wider, dass der Science Talk zunächst nur an "Doktoranden und Studenten sowie Wissenschaftler aus anderen Fachgebieten" [18] gerichtet war, sich im Jahr 2011 aber auch für "interessierte Laien" [19] öffnete. Somit ist anhand der semantischen Netzwerke eine Entwicklung von CeNIDE visualisiert, die zunehmend mehr auf den Dialog nach Außen baut.

4.3 Nanotechnologie – Vergleich in Pressetexten und Presseberichten

Die dritte vergleichende Analyse untersucht, ob das Thema Nanotechnologie in den verschiedenen Kontexten eine unterschiedliche Bedeutung hat. Daher wurden ausschließlich deutsche Texte in die Analyse integriert, die das Wort Nanotechnologie enthielten bzw. englische Texte mit dem analogen Begriff nanotechnology. Die Voraussetzung traf auf 51 Pressetexte und 31 Presseberichte zu. Da von 2008 bis 2011 nur zwei Publication Abstracts das Wort nanotechnology enthielten und mit einer Null-Varianz des Begriffs die statistische Voraussetzung für eine Faktorenanalyse nicht erfüllt war, wurden diese von der weiteren Analyse ausgeschlossen. Abbildung 5 zeigt das semantische Netzwerk der 43 häufigsten Begriffe aus den Pressetexten, die mehr als 15 mal in den Texten erschienen. Hier konnten sechs latente Frames ermittelt werden, die durch unterschiedliche Farben gekennzeichnet sind. Für die 31 ausgewählten Presseberichte von 2008 bis 2011 konnten für 58 Wörter mit höherer Erscheinungshäufigkeit als 15 gefunden werden. Das entsprechende Netzwerk mit acht reliablen Frames ist in Abbildung 6 zu sehen. Wie bei Analyse 1 spiegelt die Knotengröße die Häufigkeit jeden Worts in den Texten des jeweiligen Kontexts wider. Die Farben der Cluster sind diesmal zum besseren Vergleich frame-abhängig gewählt. Zudem wurden in dieser Analyse auch Konzepte wie Uni Duisburg-Essen und UDE (Kurzform für Uni Duisburg-Essen) zur Ergebnis-Optimierung zusammengefasst.

Beim Vergleich fällt zunächst auf, dass der Begriff Nanotechnologie in Pressetexten und Presseberichten mit verschiedenen anderen Begriffen in Verbindung gebracht wird. In den Pressetexten wird er häufig genannt mit Euro und Förderung, während die Presse über Nanotechnologie in Zusammenhang mit den Teilbereichen Chemie, Biologie, Medizin, ebenso wie mit Produkt, Entwicklung, Innovation und den Namen Gängler (Universität Witten/Herdecke / ZMK-Fakultät / Zahnmedizin) und Epple (UDE / Fakultät für Chemie / Nanobiomedizin) präsentiert wird. Somit ist festzuhalten, dass das Themenfeld Nanotechnologie in der Presse weiter gestreut ist als in den Pressetexten. Zudem fällt auf, dass NETZ, eine Abkürzung für das CeNIDE-Projekt NanoEnergieTechnikZentrum, dessen Fokus auf effizienter Energieproduktion liegt, in den Presseberichten ein eigenes Cluster bildet, was bei den Pressetexten nicht der Fall ist. Dies legt ein besonderes Interesse der Presse an diesem Projekt nahe. Zuletzt fällt auf, dass in den Pressetexten von 2008 bis 2011 kein einziger Name unter den meistbenutzten Wörtern auftaucht. In den Presseberichten sind währenddessen vier Namen von besonderer Bedeutung, darunter die beiden eben benannten Professoren Epple und Gängler. Zudem ist Marion Franke, stellvertretende Vorsitzende der "Kommission für Forschung, wissenschaftlichen Nachwuchs und Wissenstransfer" und Geschäftsführin von CeNIDE, in einem Cluster genannt, das mit CeNIDE, der Industrie und Solarzellen in Verbindung steht. Ebenfalls genannt wird Prof. Lorke, der als Variable allerdings auf mehreren Faktoren lädt, dementsprechend mit mehreren Frames verbunden ist und nicht eindeutig einem Cluster zugewiesen werden kann. Die hohe Nennung von Namen kann zum einen damit erklärt werden dass die Presse auch an den Köpfen hinter der Forschung bzw. persönlichen Geschichten interessiert ist, zum anderen ist denkbar, dass über die Pressetexte hinaus weitere Informationen durch Experten-Interviews eingeholt werden müssen, um die jeweilige Thematik anschaulich darstellen zu können. Im Bezug auf Nanotechnologie schien dies vor allem für den medizinischen Bereich zuzutreffen.

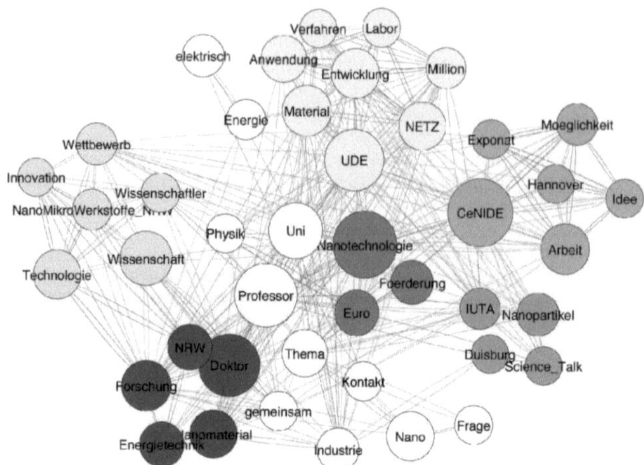

Abbildung 5. Analyse 3: semantisches Netzwerk von 43 Wörtern, die von 2008 bis 2011 mehr als 15mal in insg. 51 CeNIDE-Pressetexten verwendet wurden (cosine ≥ 0.4).

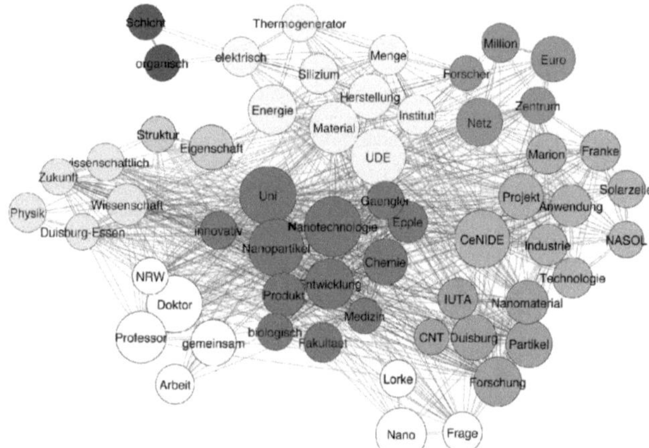

Abbildung 6. Analyse 3: semantisches Netzwerk von 58 Wörtern, die von 2008 bis 2011 mehr als 15mal in insg. 31 Presseberichten über CeNIDE verwendet wurden (cosine ≥ 0.4).

5 Fazit und Ausblick

Insgesamt kann festgehalten, werden, dass sich Leydesdorffs Ergebnisse bezüglich eines semantischen Wandels im Monarchfalter-Fall [1] auf die Nanotechnologie übertragen lassen: CeNIDE und Nanotechnologie werden im Forschungskontext mit ganz anderen Frames in Zusammenhang gebracht als im gesellschaftlichen Kontext. Pressetexte wie auch Presseberichte über CeNIDE unterscheiden sich stark von den Publication Abstracts der CeNIDE-Wissenschaftler. Innerhalb des "Science System" wird CeNIDE verbunden mit Fachwissen, insbesondere rund um die Grundlagenforschung, während sich die Pressetexte mit Events, Bekanntmachungen und ähnlichen News assoziieren lassen und die Presse mögliche Anwendungen der Forschungsergebnisse fokussiert. Dies unterstützt die Annahme Horn-von Hoegens, dass der themenfremde Bürger kein großes Interesse an der Grundlagenforschung hegt [8]. Da die Presse dem entgegenkommt, was sich durch eine größere thematische Nähe zwischen Pressetexten und Presseberichten zeigt, kann auch Leydesdorffs allgemeine Schlussfolgerung zum oben genannten Fall auf Nanotechnologie übertragen werden. Er folgerte aus den semantischen Unterschieden in der Monarchfalter-Studie, dass die Erwartung des Publikums die Auswahl des Frames beeinflusst [1]. Analyse 2 liefert weiterhin Hinweise darauf, dass sich die Zielgruppe der Pressearbeit über die Zeit hinweg im außerakademischen Bereich erweitert. Dies ist daran festzumachen, dass sich der Science Talk Frame zwischen 2010 und 2011 semantisch deutlich verändert, indem scheinbar zunehmend ein offener Dialog nach außen fokussiert wird. Zuletzt fiel im Vergleich auf, dass in Presseberichten mit Nanotechnologie-Bezug viel häufiger Namen erschienen als in den Pressetexten, wodurch angenommen werden kann, dass die Presse an den Köpfen und persönlichen Geschichten hinter der Forschung interessiert ist oder aber auch durch Experten-Interviews weitergehende Informationen einholt, um die jeweilige Thematik besser verstehen zu können. Letzteres würde der Annahme Heinzels unterschreiben, dass selbst Anwendungen im Nano-Bereich intensiver Erklärungen bedürfen [9].

Im Hinblick auf weiterführende Untersuchungen wäre es inhaltlich interessant, die Pressetexte auf Wörter zu reduzieren, die nicht im allgemeinen Uni-Kontext erscheinen. Dies könnte methodisch umgesetzt werden, indem auch aus allgemeinen Pressetexten der Universität die häufigsten Wörter ausgesucht würden, um solche, die deckungsgleich mit denen im Nano-Kontext sind, in die die Stopword-List aufzunehmen. Dadurch würden Begriffe wie akademische Titel aus dem Vergleich ausgeschlossen werden können. Zudem wäre zu überlegen, ob nicht auch wenig genannte Wörter von Bedeutung sein könnten. Miller beispielsweise integriert in ähnliche Analysen auch Wörter, die besonders selten erscheinen, da er hierdurch auf eine mögliche semantische Relevanz schließt [20]. Eine konklusive Alternative zur Messung der Wortbedeutung wäre das "tf-idf"-Maß. "tf-idf" steht für term frequency – inverse document frequency und beschreibt ein statistische Maß, dass die Relevanz eines Wortes in einem Dokument nicht nach dessen absoluter Häufigkeit, sondern nach seiner Relevanz (relative Häufigkeit) gewichtet [21].

Zuletzt, wie hier schon ansatzweise durch manuelle Unifikation umgesetzt, könnten Thesauri eingesetzt werden, um synonyme Wörter vor der Frame-Aufdeckung zusammenzufassen und eine höhere Genauigkeit der Semantik zu gewährleisten.

Literatur

1. Leydesdorff, L.; Hellsten, I.: Measuring the Meaning of Words in Contexts: An automated analysis of controversies about 'Monarch butterflies,' 'Frankenfoods,' and 'stem cells'. In: Scientometrics, 67 (2), pp. 231-258 (2006)

2. Whitley, R. D.: The Intellectual and Social Organization of the Sciences. Oxford: Oxford University Press (1984)

3. Luhmann, N.: Soziale Systeme. Grundriß einer Allgemeinen Theorie. Frankfurt am Main: Suhrkamp (1984)

4. Janning, F., Leifeld, P., Malang, T., Schneider, V.: Diskursnetzwerkanalyse. Überlegungen zur Theoriebildung und Methodik. In: Politiknetzwerke. Modelle, Anwendungen und Visualisierungen, pp. 59-92. Wiesbaden: VS Verlag für Sozialwissenschaften (2009)

5. Leydesdorff, L., Vlieger, E.: How to analyze frames using semantic maps of a collection of messages? Pajek Manual. Amsterdam: ASCoR, University of Amsterdam http://www.leydesdorff.net/indicators/pajekmanual.2010.pdf (2010)

6. CeNIDE: Mission. http://www.uni-due.de/cenide/mission.shtml (2012)

7. Franke, M.: Interview-Auswertung aus einem Interview im Rahmen von "Science and Society Observatorium" (SISOB) geführt im Februar 2012 in Duisburg. (02.2012)

8. Horn-von Hoegen, M.: Interview-Auswertung aus einem Interview im Rahmen von "Science and Society Observatorium" (SISOB) geführt im Februar 2012 in Duisburg. (02.2012)

9. Heinzel, A.: IInterview-Auswertung aus einem Interview im Rahmen von "Science and Society Observatorium" (SISOB) geführt im Februar 2012 in Duisburg. (02.2012)

10. Bußmann, H.: Lexikon der Sprachwissenschaft. Stuttgart: Kröner (2002)

11. Leifeld, P. & Malang, T.: Glossar der Politiknetzwerkanalyse. In: Politiknetzwerke. Modelle, Anwendungen und Visualisierungen, pp. 371-390. Wiesbaden: VS Verlag für Sozialwissenschaften (2009)

12. Salton, G., McGill, M.J.: Introduction to Modern Information Retrieval. New York: McGraw-Hill (1983)

13. Baumüller, A.: Topic Maps zur Strukturierung von Wissensbasen im Knowledge Management. http://es.scribd.com/doc/39960727/null (2002)

14. Wirtz, M. & Nachtigall, C.: Deskriptive Statistik (3. Auflage). Weinheim: Juventa Verlag (2004)

15. Leifeld, P.: Die Untersuchung von Diskursnetzwerken mit dem Discourse Network Analyzer (DNA). In: Politiknetzwerke. Modelle, Anwendungen und Visualisierungen, pp. 391-404. Wiesbaden: VS Verlag für Sozialwissenschaften (2009)

16. Kuß, A & Eisend, M.: Multivariate Analyseverfahren. In: Marktforschung (3. Auflage), pp. 225-285 (2010)

17. CeNIDE: News. Start des Exponatwettbewerbs 2009. http://www.uni-due.de/cenide/news_one.php?id=208 (08.12.2008)

18. CeNIDE: News. Prof. Krug zu Gast beim CeNIDE Science Talk. http://www.uni-due.de/cenide/news_one.php?id=411 (23.11.2010)

19. CeNIDE: News. Nano: Für Prothesen und Ionenleiter. http://www.uni-due.de/cenide/news_one.php?id=341 (13.05.2011)

20. Miller, M. M.: Frame Mapping and Analysis of News Coverage of Contentious Issues. Social Science Computer Review, 15, pp. 367-377 (1997)

21. Bodendorf, F.: Daten- und Wissensmanagement (2. Auflage). Berlin / Heidelberg: Springer Verlag (2006)